佐賀学ブックレット④

佐賀平野の環境水

岡島俊哉

海鳥社

本扉写真・作礼山（唐津市）山頂の池。一月に撮影

海域（佐賀県玄界灘）波浪（波）は水中に酸素を吹き込む重要な過程である。有明海の広大な干潟でも、泥に砂が混じることにより、満潮時や波打ち際の波浪が水中に効果的に酸素を吹き込む。干潟表層の好気的環境は底泥表面から５ミリ程度と厚くはないが、嫌気的分解能力より汚濁物質の分解能力ははるかに大きいとされる。満ち潮の際の小さな波ではあるが干潟の十分な環境保全の役割がある。

降雨時の佐賀市内の空　右側は豪雨になっている。近年、このように降雨の有無の境界が明瞭に見られることが多い。水は凝縮することにより凝縮熱を放散するが、その熱は水蒸気の凝縮を遅らせ、結果として、気温の急激な変化を抑えたり、土壌の侵食を防いだり、植物に優しい雨を与えてくれるなどと想像して、心に柔らかな感覚を抱いてほしい題材としての一現象である。

大谷池（有田町）佐賀県には農業用のダムや溜池が数多く存在する。大谷池は有田町の郊外にあり、特別な池ではない。表面には氷が張った部分と液体部分が見える。氷が張る際に凝固熱が放出され水温低下が抑えられるが、これが水棲生物にとって優しい。自然の営みへの感謝を学べる現象は「科学的」視点を持てば、実は身近にふんだんにあることに気付く。

海辺の生物　佐賀県波戸岬で撮影。この海岸は、著者が子どものころは、沖縄のサンゴ礁の海中と同様に美しい景色で、色とりどりの貝や海藻が見られた。今は岬の先端部に、その面影がかろうじて見られる。無数の生存環境をつなぐ一つの環境を守り、真に共生を実現するためには「物」の理学と「心」の理学の両面から迫ることができる感受性高い人材が必要だ。

はじめに

地球は「宇宙船地球号」という言葉があるように、太陽系にある一つの惑星である。この一つの惑星の上に無数の生物種が共存し、それぞれ独自の生存環境の中で生活を営んでいる。その〝独自の（すなわち無数の）〟生存環境はすべてつながり、実は一つである（唯一である）ことを知っておくことは重要だ。地球はあらゆる生物種の生存をその一つの環境の中で実現しているのである。

著者は長年、理系に所属し、化学の目から環境を見つめてきた。大学から化学を中心に勉強し、今では化学を専門として教員を努めている。化学を専門として良かったと言えることがある。それは、世の中はすべて物質でできており、あらゆる現象が物質の状態変化や化学変化（反応）であること。その変化の結果が周囲に波及して広範囲の物質環境を変化させたり、あるいはそれが連鎖して循環と呼ばれる現象をもたらしていること。そのことを広く細かく（深く）見つめることができることにより、「心」の理学への興味と理解が進むことを実感できたことである。

私は常々、「心」の理学と「物」の理学の間に「生」の理学があると考えている。私は、「物」の理学について「化学」分野を中心に学んできたが、その深まりが「心」の理学への興味関心を引き起こした。そして、「物」に偏った私の見方・考え方が修正され、真に「生」の理学へ近づく第一歩と認識できるようになったと思う。

自然の現象は、その土地ごとに異なる現象も発生するが、多くはどこでも見られる現象であることも多い。例えば、水の状態変化（氷が液体の水になり水蒸気になる、あるいは逆の過程）は世界のどこでも共通に見ることができる。ただ、気温など環境要素の違いによってその土地ではどの状態（過程）が卓越するか、ということだけであろう。寒い所では水の固体としての氷や雪が普通に見られる、熱帯地方では、空気に多く含まれる水蒸気のために豪雨やスコールと呼ばれる現象が普通に見られる、というように。

本稿で記したこと、それは佐賀だけで見られる現象というよりもどこの地域でも普通に見られることではあろう。しかしながら、我々は現に生きているその土地で日常的に見られる自然現象を題材として、その現象が自然のしくみの結果であることを知り、その自然のしくみ、すなわち「物」の理学としての当然の結果と知ってなお、自然への畏敬の念、あるいは自然の中に「神」を見出して敬う態度につなぐことが重要と考える。以前は、「物」の理学が住む人々に十分に理解されていなくても、様々な自然現象の中で生活が営まれ、その一部が様々な伝統行事として信仰されていたということであろう。

著者は、理系と佐賀学・地域学あるいは民俗学のような文系分野の融合が可能であると信じている。

「物」の理学が発展した社会である。必ずしも伝統行事に沿った、あるいは代々受け継がれてきた生活をしなくても良くなった現在、生活は便利になり、いつでもどこでも情報を得て知ることができる。一方で、知ったことや知識がどんなに豊富でも日々の暮らしの中の身近な現象と結びつけて認識していないことが多すぎるような気がする。

本稿では、現象や行事そのものに注目するというよりも、その発端や過程を知る「物」の理学に注目したい。例えば「水」や「農作物」の供給や豊饒がどこに起因するのか（それが行事や信仰の対象になるのだが）を説明する「物」の理学の考え方に十分に触れることによって、逆に、「神」あるいは「信仰」としてより深い感謝や敬意に結びつくような、言い換えれば、「自然を大切に」という言葉以上の感覚を身に浸透させて欲しいと考えるからである。

空間や場所への信仰あるいは行事という形での信仰というよりも、しくみや過程への信仰と言ってもいいかもしれない。それが、私が考える地域での「生」の理学である。佐賀という地域独自の「生」の理学に近づくような文理融合（佐賀学・地域学と「物」の理学の融合）を目指したい。

二〇一六年一月十二日

岡島俊哉

佐賀平野の環境水◉目次

地球上の水

太陽系に含まれる惑星の中で、地球が他の惑星と異なる点は、液体としての「水」が豊富に存在することと思う。水は生命誕生を支えた物質であり水域はその場となり、生命現象に直接関与したり、あるいは生命を育む物質を守りあるいは運ぶ媒体として重要な役割を担ってきた。

地球上に普遍的に存在する代表的な物質は何か？　それは「水」であろう。水は大気、地表、地下を移動し、そして、動物や植物など生物体に取り込まれ、移動そして排泄されながら循環している。地球上で水が存在しない場所はないと言って良いであろう。さて、物質は環境条件によって三つの状態を取りうる。気体・液体・固体である。水は圧力と温度によって気体である水蒸気、液体としての水、そして固体として雪や氷としてその姿を変えて、目には見えなくてもあらゆる場所に存在し、あらゆる生物の生育に影響を及ぼしている。

我々は、環境の中で水が取りうるこの三つの状態をよく知っている。すなわち、水はその存在場所の環境によって、寒冷な場所では棚氷や氷山あるいは氷河・積雪として、比較的温かい海洋部あるいは河川や湖沼では液体として存在する。気温が高いあるいは日射が強い場合には水面から盛んに蒸発し水蒸気となって大気中に移行する。身近な現象として見られる湯気は、水面から蒸発した水（水蒸気）が空気によって冷却され、小さな液滴として見える現象である。良く観察すれば液面近くでは目に見えないのに少し離れると白くなっていることがわかる。吹き出し口の直近では水蒸気の温度が十分に高いため未だ液体に凝縮していないためである。

水は地球上では、このように三つの状態を取り、その姿を変えながら循環している。水は大気中では主に水蒸気として存在するがその存在比は三態中ではわずかである。そして固体としては二％程度である。その他の大部分の水は液体として存在している。地球が水惑星と呼ばれる所以で、太陽系の惑星の中で現に液体の水の存在が確認されている惑星は地球以外には知られていない。地球より太陽に近く温度が高い金星では水蒸気として、遠い火星では地下に氷として存在しているのではないかとされている。火星の地表面にはかつて液体の水が流れた痕跡も見出されている。

このように地球には液体の水が豊富に存在するおかげで環境が穏やかに保たれ、地球に生命が誕生し存続してきたと言ってよいだろう。ただ、地球に豊富に液体の水が存在するのは、地球が太陽から金星より遠く火星より近いというように、たまたまその存在位置が太陽と適当な距離にあったからという理由ではない。地球の大気中には二酸化炭素が微量ながら含まれるが、二酸化炭素が持つ温室効果に起因するという方が正確であろう。

実際、二酸化炭素という温室効果ガスが全くない状態では地球の平均気温はマイナス一八度であっただろうと試算されている。現在の地球の平均気温は一五度とされているから、実に三三度の差がある。産業革命以前には二八〇ｐｐｍ（〇・〇二八％）であった二酸化炭素濃度は現在四〇〇ｐｐｍ（〇・〇四％）に上昇し、地球温暖化と称される環境問題として地球規模でその解決が急がれているが、二酸化炭素は温室効果ガスとして重要な役割もあることは認識しておきたい。

環境問題を語るときは常に増えると困る悪役の印象として語られる二酸化炭素であるが、二酸化炭素の重要性をもう一つ。ヒトは呼吸によって酸素を取り込み二酸化炭素を排出している。酸素によって燃料となる有機物を燃焼させ、発生する二酸化炭素は肺から排出する。このように二酸化炭素は身体に不要な老廃物として捉えられがちである。ここで、もし身体中に二酸化炭素がなくなると呼吸は停止してしまうことも強調しておきたい。二酸化炭素がなくなると呼吸が停止し生命維持に必要な酸素を取り込めなくなる。実際このような状況は起こりえないが、環境問題で悪役に捉えられがちな物質でも別の視点からみれば必要不可欠な物質は多い。

化学を専門としてきた著者がこの本で伝えたいことは、物質や物体には必ず役割があり、環境をつくり維持していくのに無用な物質や物体は存在しないし、無用と思われる（そう思う方が問題ではあるが）物質や物体の存在が何らかの反応や活動の呼び水であったりすることである。その「呼び水」が循環の出発点である。人の意識に触れにくいため問題が起こっていても認識されにくく、その結果、存在しなくなったときに循環が停止して、人はその存在の重要性に気付き、無用と考えていたことを反省することになる。

さて、固体としての水に触れてみよう。水の固体は「氷」であるが、氷は主に南極の棚氷、氷山、高山の積雪や氷河および海氷として、そして一部寒冷な陸域では地下に凍土として存在する。地球上に存在する形態としてはわずかな割合ではあるが、固体としての氷の存在が地球環境に大きく影響していることは後に触れる。

液体の水は海洋にその九七・五％が存在し、残りのわずかな割合が陸域の河川や湖沼、地下に存在している。ヒトはこの大部分海洋に存在する水をそのままの形では摂取して利用することができない。海水に溶解しているミネラル分（主に塩化ナトリウム＝塩）を取り除かなければならない。そのため、ヒトは生命活動に必要な水の摂取のほとんどを、地球全体に存在するわずかに〇・〇〇〇一％という桁数の割合でしか存在していない河川水に頼っている。

我が国の飲料水の水質は良好である。生水をそのまま飲むことができる我が国では生水文化とも呼ばれる独自の文化が発達継承されてきている。水道が発達していない時代には湧き水や井戸水（地下水）が利用された。水の湧く場所を「イズミ」「イケ」あるいは「クミカワ」と表現した。これら「イズミ」や井戸は清浄な場所とされ、「水神」が祀られている。地球上で水が循環していることとその大切さ、しかし近年その循環が少しずつ変化し、我が国の生水文化にも影響を及ぼし始めていることへの危惧をどのくらいの人が真摯に考えているだろうか。

海水と淡水

液体の水はそのほとんどが海洋に貯留され、これを海水という。

海水は塩分濃度が高いため、ヒトはそのままの形でこれを摂取し生命を維持できない。海水の塩分濃度は三・三～三・七％で、大西洋深層水は三大洋（太平洋・大西洋・インド洋）の中で最も塩分濃度が高く三・七％以上もある。塩化ナトリウムを始めとして様々なミネラル分が溶解しているため密度は純粋な水よりも少し大きく一・〇二～一・〇三ｇ／ｍＬである。

海水にはカルシウムやマグネシウムなども含まれる。これらのイオンはタンパク質などと結合すると不溶性の化合物となるため、豆乳を凝固させることができ豆腐をつくるために使われてきた。また、これらのミネラルを高い濃度で含む硬水では石鹸の泡立ちが悪いことも石鹸の成分である脂肪酸ナトリウムと不溶性の固形物を形成するためである。

ヒトはこの海水から塩分を取り除けば飲料水などとして生命維持に利用できる。自然の中で海水を淡

1、海域（佐賀県玄界灘）

水に変える最初の段階は海水の蒸発である。海水は蒸発によってミネラル分と分離され、水蒸気のみが大気中に移行する。大気中の水蒸気は高所で冷却されて液滴となり、陸域に降下して河川水あるいは地下水となって井戸水あるいは水道水して飲用に供される。

いっぽう人工的に海水を淡水に変える技術として海水淡水化がある。多くの場合、逆浸透膜を使うことによって海水中に溶解しているミネラル分をろ過し、水だけを純粋に取り出すことによって飲料水として利用できる形態にしている。ただ、淡水は塩分を完全に取り除いた水ではなく、ミネラル分五〇〇ｍｇ／Ｌ以下の水のことを指し、ミネラル分が全く含まれていないということではない。現に、水道水の中にも多くのミネラル分が含まれていることは、水道水のｐＨを測定すると弱アルカリ性であることや水道水を蒸発乾固させると白い物質が残留することからご存知であろう。

このように淡水の存在割合は地球上では極めてわずかである。しかし、我々はあたかも淡水が豊富にあるかのような生活に慣れている。蛇口をひねると常に淡水が得られ、そして、その淡水の流れが途切れると考えたことはない、という生活をしてきた。もちろん、地球上のすべての人々がそのような生活を送ることができているわけではないが。地球上にごくわずかにしか存在しないこの淡水しか利用できない人類が、水利用において極めて不満のない便利な生活を維持しているのは太陽からの熱の供給に支えられた地球上の水の循環の過程が存在するおかげである。地表面積の七割を占める海水面から蒸発した水蒸気が陸域で雨や雪など淡水として降下し、表流水としてあるいは地下水となって陸域を流下する間に生物に利用され、再び海洋に注ぐ。この循環が繰り返し安定して継続しているからこそ、わずかにしか存在しない淡水（特に河川水）を利用できている、ということに留意したい。

佐賀平野は低平地でクリークが縦横に走り水が豊富にある土地と言える。ただ、天山山系を代表とする涵養域から流出する水は、有明海あるいは玄界灘に注ぐまでの距離が短い（河川が短い）ため短時間で流下する。そのため、河川からの取水など降水を利用できる時間は限られている。

佐賀の人々は「水」が生活の場あるいは生活に密着して存在するという水に親しみを持った生活を営み感覚を育んできた。しかし降水は、佐賀平野を代表する産業である農業に多くの恩恵を与える一方で水害などももたらす。最近、土木技術が発達し土地改良などが進み住みやすい住環境は得られたが、「降水」と折り合いをつけながらつきあう感覚が昔ほどに保たれているだろうか。もちろん、気候変動も深刻化し、昔とは異なる状況ではあるが。

淡水の需要にこたえられない地域を中心に海水淡水化技術も実用化されているが、自然の中での水の循環のしくみは自然の海水淡水化装置といえる。蛇口をひねれば常に豊富な水が得られることが極めて微妙な循環平衡（バランス）の上に成立していること、この循環が地球規模で安定した気候によってもたらされていることに意を注いでおきたい。それとともに、世界の人類が生存に必要不可欠な水の利用に困ることなく、安定的で衛生的な水が豊富に得られる時代を早く実現したいものである。

水の三態

多くの物質には、固体・液体・気体という三つの取りうる状態があり、水においては、氷・水・水蒸気と呼ばれる。そしてその三つの状態の間を水は変化していることを述べた。もう一言付け加えたいことは、その状態が変化する際には熱の出入りが伴うということである。

例えば、固体である氷が液体である水に変化する過程を融解と呼ぶが、この際には熱が吸収される。言い換えれば熱が得られなければ（熱を吸収できなければ）氷は溶けない。この熱を融解熱と呼ぶ。零度の氷は一グラムあたり八〇カロリーの熱を得られなければ零度の液体の水にならない（融けない）、ということである。逆に零度の液体の水一グラムあたり八〇カロリーの熱が取り去られれば（周囲の温度が低いなどで）、零度の氷に変化する（凝固あるいは固化）する、ということである。同様に、液体の水と気体の水蒸気の間の状態変化では、水から水蒸気に変化する過程を蒸発あるいは気化といい、逆に水蒸気が液体の水に変化する過程を凝縮または液化という。水が水蒸気に変化する際には一グラムあたり五三九カロリーの熱の吸収が必要であり（蒸発熱または気化熱）、逆に水蒸気が水に変化する際には熱の放出を伴う（凝縮熱）。容器に入っていた水が時間が経つと減る、洗濯物が乾く、という現象は蒸発の例であり、あるいはヒトが汗を出して体温調節を行う、という現象も蒸発を利用している。

佐賀平野は農業が盛んである。雨などの降水は、特に作物の露地栽培において「恵みの雨」と言われるように重要な栄養となる。一方、雪はどちらかというと、雪が降る気象条件が厳しいこともあって農作物にダメージを与える印象が強い。しかしながら、見方を変えてみよう。雨は空気中の水蒸気が凝縮した水滴である。そして、雪は空気中の雨あるいは水粒が低温で凝固した固体である。この水蒸気（気体）→雨（液体）→雪（固体）という変化は水蒸気あるいは雨が持っていた（熱）エネルギーを空気中に放出する営みである。

雨が農作物への水の供給という直接的な栄養であるという視点とともに、雨あるいは雪が降るときのように空気が冷えていく（寒くなっていく）気象条件において、（もし神が存在するとすれば）「神が水の状態変化を利用して地上に住む人々を温めてくれている」、と解釈できる心を持つことができれば、真に豊かな生き方を送ることができるのではないだろうか。それは文系的な「神」と理系的な「自然のしくみ」への理解が融合して生活という長い時間の中で醸成される心情であろう。

水の性質

地球上において水が関わる現象には、水の性質が深く関係している。ここでは、環境上の現象と関係が深い水の性質をまとめてみた。

一、水は比熱容量（比熱）が大きい

比熱は単位質量（一グラム）の物質の温度を一ケルビン（＝一度）高めるのに要する熱量である。水の比重は一であり、多くの一般的な有機液体が〇・四〜〇・六であることと比較するとかなり大きいことがわかる。このように水は比熱が大きいため、同じ熱量を吸収あるいは放出しても他の有機液体に比

べて温度変化が小さくなる。例えばアセトンの比熱は〇・五である。水一グラムに一カロリーの熱量を与えても水温は一度しか上昇しないが、アセトン一グラムに同じ熱量を加えると二度上昇する。逆に、水一グラムの温度を一度上昇させるためには一カロリーの熱量を与えなければならないが、アセトン一グラムの温度を一度上昇させるには半分の〇・五カロリーの熱量を加えればよい。

このように水の比熱が大きいことは、水域や地表あるいは動植物体の温度（それぞれ水温、地温および体温）など水を含む物体や環境の温度を一定に保つのに都合が良いと言える。海岸部は内陸部に比べて冬は暖かく夏は涼しい気候となる理由は海水の大きな比熱のおかげである。

例えば、佐賀地域と唐津地域で最高気温と最低気温を比べると、特に夏季に佐賀地域で最高気温がかなり高くなっても唐津地域では二〜三度低いことが多い。これも唐津地域が玄界灘に面していることが影響していると考えられる。佐賀地域は有明海に面しているが、有明海の気温の日較差への影響は玄界灘ほど大きくないようである。また、京都盆地の夏は暑く冬は寒いことも周囲に海洋がない（盆地である）ためと説明されている。また、砂漠など湿度が極めて低い（水分が少ない）所は日中は猛烈に暑いのに夜間は急激に気温が低下し、日中と夜間の気温差が大きいことが知られている。日中は五〇度近くにもなるのに夜間は氷点下になるという具合である。これは砂漠に水が少ないこと、砂漠はその表面が大部分岩石や砂に覆われているがそれらの比熱が小さいことが一因となっている。花崗岩、玄武岩、大理石あるいは砂の比熱はおよそ〇・二である。水の比熱と比較すると、水の温度が一度上昇するエネルギーで岩石や砂は五度上昇してしまうという計算になる。

二、水は気化熱（＝蒸発熱＝凝縮熱と同量）が大きい

気化（蒸発）とは、液体の水が水蒸気になることで、その逆の過程（水蒸気が液体の水になること）を凝縮という。水はすべての物質の中で最大の気化熱を有する。すなわち、液体の水が気化するためには大きな熱エネルギーを必要とする。海水や地表面あるいは人体の表面（皮膚）からの水の蒸発によりその物体表面の熱が持ち去られる（熱が奪われる＝冷却される）。そのため、気化という現象が現に起こっている環境では、水に熱など何らかのエネルギーが供給されている。夏の日射においては水面や地表面に太陽の日射エネルギーが供給されている。人の運動中は身体内部で生成した熱が血液を経て皮膚に向けて輸送されて、人体表面で放出されている。物体表面において水が気化する際（水が水蒸気になる際）に熱を持ち去っている。人体においては、運動中に熱エネルギーの発生が継続しているので、水の気化によってその発生し続ける熱が空気中に効率的に放散されるという状況が生まれる。

一般に、物体表面において水の気化が起こらなかったり、あるいは水の気化熱が極めて小さいならば、物体表面の温度は急激に上昇していくであろう。水が気化することは物体表面の温度上昇を抑えることに役立っているのである。人など生体は水の気化熱が大きいことを利用して体温調節を行っている。こ

2、降雨の一場面。佐賀市内にて

の際、人体には比熱が大きい水分が六〜七割含まれていることが体温の急激な変化を抑えているともいえる。高齢になると水分量が減少し脂肪が増えていくとされているが、高齢者が若い人に比べて熱中症に罹りやすいことも含水量に関係があるかもしれない。

写真2は、ある日の佐賀市内での降雨時の写真である。低気圧のように空気が上昇している状況(上昇気流)では、空気は一〇〇メートル上昇する毎に一度程度ずつ冷却されていくので、空気中に含まれる水蒸気は露点を迎える。天気が悪く雨が近い際には多くの場合、空気中の水蒸気量は高くなり湿度も高くなる。露点は、空気中に水蒸気が飽和する温度である。さらに温度が下がると水蒸気は空気中に漂う微小な固体を手がかりにして凝縮し露(水の液滴)を生じる。ある液滴が周囲の

液滴と接触して一体となりながら落下し、液滴が次第に成長して大きくなった粒が雨粒である。

露を形成する際には水蒸気は凝縮熱を周囲に放出し、周囲の急激な温度低下を抑える（水蒸気の凝縮を遅らせる）役割をするが、最近では土砂降りあるいは豪雨と呼ばれるくらいに一度に凝縮が進行するような大量の水蒸気が含まれるようになってきたようである。

白く見える（あるいは日光が遮られている部分では灰色に見える）雲はまだ落下するに至らないが、光を屈折あるいは散乱する程度まで成長した微小な水滴がある程度密度高く存在している空間である。写真の黒く見える雲は上方から入射する日光が弱いためより黒く見えている。

秋頃には様々な雲が出現するが、例えば鱗雲《うろこぐも》では、雲が見える高さにおいて、空間的に狭い範囲内で上昇気流と下降気流が起こっていることを示している。

皮膚に一滴の水を付着させて広げたときそれほど冷たさは感じないが、注射の際の消毒に用いるエタノールを一滴付けて広げると冷たさを感じる。エタノールの気化熱は水の半分以下程度しかない。エタノールは水よりも少ない熱で容易に気化する一方、水は若干水温が上昇する程度である。身体内部からの熱エネルギーの供給が間に合わない状態で、水よりも少ない熱エネルギーを得るだけで急激に気化が起こるので（気化熱として熱が奪われて）皮膚の温度が低下し冷たく感じたのである。

3、大谷池（有田町、1月）

三、水は融解熱（＝凝固熱と同量）が大きい

融解とは固体の氷が融けて液体の水になる現象で、その逆の現象（液体の水が固体の氷になること）を凝固という。水の融解熱はアンモニアを除き最大である。湖を例に考えてみよう。

冬季は湖や池の水面は沿岸部から次第に凍っていく。写真3は西松浦郡有田町にある大谷池と呼ばれる農業用溜池の水面の状況である。

写真の右側沿岸部（日陰になっている）から氷が生成して水面を中心方向に向かって水面が氷っている状況であろう。この後日射が入り氷は池の水面全体を覆うまでには成長しなかったが、氷が張っている部分は風によるさざ波も見られず静穏な世界である。

4、作礼山山頂（唐津市）の池　（1月）

写真4は佐賀県唐津市のほぼ中央部、厳木町と相知町の境界に位置する作礼山の山頂付近にある池の一つの写真である。池の全面に氷が張り、その後降った雪に覆われて白くなっている。このように氷が張った水面下には、氷が張ることによって放出された（凝固）熱によって温度低下を免れて温かさを保った液体の水が存在し、生物が冬季の間を生き延びれるよう包み込んで春を待っている。

沿岸部の土や砂の比熱が水より小さい（温度が下がりやすい）ため、沿岸部から凍りやすい。そして温度が低い状態が続いたり気温の低下がさらに続けば水面の凍結が継続してその範囲が広がり、最終的には水面の中央部まで氷で覆われてしまう。逆に春になって気温が上昇して来ると氷は次第に融けていく。

このとき、湖の水面下の水温はどのようになると予想されるだろうか。冬に気温が低下していき、あるいはその状態が続いているときは氷の生成が続いている。液体の水が固体の氷に変化する凝固の過程では融解熱と同量の一グラムあたりおよそ八〇カロリーの熱が放出される。すなわち、水面が凍っていく間、発生した凝固熱の大部分が水中に供給され続けられているのである（乾燥空気の熱伝導率は〇・〇二四であるが水は〇・五八とおよそ二五倍大きい）。このことは氷の下の水（液体）の急激な温度低下を防いでいることになる。

魚の立場からみると、水温の低下が抑えられていることになるので急激な水温低下を感じることも少ない居心地の良い環境が保たれるであろう。

もし氷がなければ水面付近の水温は手を付けると温かく感じるくらい上昇している。氷があれば、それが融ける際には融解熱を吸収するので加えられた熱エネルギーは氷が融ける状態変化に費やされ、水の温度上昇をもたらすことはない（潜熱）。このことは水温の急激な上昇を防ぐ意味を持つ。

まとめると、液体の水と固体の氷との間の状態変化では、春先などに継続して熱が加えられて氷が融けるときには（氷が熱を吸収して水となるので）水温の急激な上昇が抑えられ、逆に、冬季などで気温が下がり、継続して熱が奪われて行く状況では（水が氷に変化することにより）熱が周囲（水）に供給されて、水温の急激な低下を防ぐ。水中の生物からみればどちらの状況でも水温の急激な変化が抑えられることになり、居心地の良い環境が維持されることがわかる。このように水の大きな気化熱と融解熱は水体の急激な温度変化を抑え、水中の生物の生存を守っているといえる。

ここで、気化熱と融解熱の大きさを比較してみよう。気化熱は一グラムあたり五三九カロリー（一〇〇度）、融解熱は一グラムあたり八〇カロリー（零度）である。このように気化熱が融解熱よりもかなり大きいという水の性質は環境にどのような影響をもたらしているだろうか。この両者の熱量を比較すると、固体の氷は液体の水になりやすいが、液体の水は水蒸気にはなりにくい（大きな熱の供給を必要とする）と言えるだろう。この両者の値の違いが地球上に大量の液体の水を貯留することを可能にしている。

近年、地球温暖化と呼ばれる現象によって大気の温度が上昇しており、その影響が極地や高山における氷の融解の速さに明確に現れていること、蒸発は融解よりも起こりにくくてもなお、集中豪雨あるいはゲリラ豪雨や台風の大型化、という現象が近年頻発していることにも留意しておきたい。地球の平均気温の上昇や海水温の上昇温度は極めてわずかと思われがちであるが、それは平均としての数値にすぎないこと、そして、その温度変化によって起こる変化は地球規模で見れば極めて大きいことも忘れてはならない。

固体の氷は液体の水に変化し、液体の水は水蒸気に変化する。このように温度が上昇すると水はその存在形態を変えていく。そしてその状態変化をしている間は水温は変化しない。すなわち、熱が加えられ続け、全ての氷が液体の水に変化し終わるまで温度は零度に保たれ、あるいは全ての液体の水が蒸発してしまうまで一〇〇度という温度が保たれる。

特に前者は地球環境を考える上で重要である。近年、地球温暖化という環境問題が深刻になってきており、高山の氷河の後退や、北極海の海氷の減少、南極大陸の棚氷の崩壊あるいは永久凍土の融解などが様々な問題を引き起こしてきている。地球上にはすべての水の二%程度の氷しか存在しないが、この氷の融解が進んでいるのである。

氷に熱が加えられ続けて氷が全て液体の水に変化するまで水温は変化しないという実験室での観察を地球規模で考えるとどうなるだろうか。地球上に存在する氷がすべて融けるまで気温はあまり変化しないが、氷が全て融けてしまうと急激に気温が上がり始める、ということにはならないだろうか。地球上での氷の存在は万遍ではなくある程度極地方か寒帯あるいは高山などに局在しているので〝気温は少しずつ上昇している〟という現状だろう。地球上の氷がほとんど融けてしまったときが心配である。

さて、地球から佐賀に話を転じてまとめてみよう。佐賀平野ではときどき濃い霧（濃霧）が発生する。霧は水蒸気が凝縮して液体の水になった微小さな水滴（霧粒）である。温かい空気塊に寒冷な空気が接触混合したときに発生する。先に述べたように、低平な佐賀平野は山系からの涵養域からの表流水や地下水の流出域であり、クリークなどの水面が多い。そのために平野の空気には十分な温かい水蒸気が含まれている。寒冷な空気の流入は、佐賀平野に住む人々に厳しい気象条件をもたらすが、霧が発生することによって放出される熱によって、人々は（神に？）温められていると感じることができれば、それが神ではなくても自然の営みに感謝する心につながるであろう。そういえば濃い霧が見られる朝、それほど強い冷え込みを感じたことがないような気がするのだが。

四、水は凍ると膨張し密度が小さくなる

水の密度は四度で最大である。水は一般に零度で氷になるが、四度より水温が低下すると水は膨張する、逆に氷は融解すると四度までは体積が減少する、ということである。

この性質は他の物質には見られない。水以外の物質では温度が低下して固体になると密度が大きくなり（収縮し）、液体の中で固体ができれば密度が大きくなり（重くなって）底に沈んでしまう。しかし、

水は固体の氷の方が密度が小さくなるので（軽くなるので）、浮いてしまうのである。氷が入った飲み物を注文すると、いつみても氷は水に浮いているであろう。

この性質は水環境を考える上で極めて重要である。すなわち、仮に水も他の物質と同じように固体の氷の方が液体の水よりも密度が大きくなるとしよう。気温が下がり水面で氷が生成し始め、生成した氷は水中に沈んで底に達して積もっていくであろう。水中で生活している生物からみれば、頭上から氷が降ってくる状況かもしれない。氷はまだ温かい水中を降ってくるので途中で融けていくこともあるかもしれないが、氷の生成が継続すれば氷が水中を沈んで行く過程で水中は上方から次第に冷え、水温は水面から底に向かって低下していくであろう。

魚としてはまだ温かい底の方に逃げるしかないが、その後も氷の生成は続き、氷が融けるたびに融解熱を吸収するので水温は水面から底まで水体全体に渡って最終的には零度に近くなってしまうであろう。生物は生存できるであろうか。

写真6は作礼山山頂にある池で、写真4の池とは別の池である。写真4の池と同じ一月に撮影した写真でこの池もこの時期氷に覆われている。そして春先四月になって氷が溶解すると水面には様々な水草が見られるようになる

池に氷が張るという現象は日常的で意識することも少なく自然のしくみとして無意識のままである事

6、作礼山山頂（唐津市）の池　（1月）

が多いが、実際に、氷は水に浮くのである。水面であるいは水面近くで生成した氷も水面に浮いていく。

氷ができる状況では凝固熱が放出されるので水面下の水温は急激に下がっていくことはない。最終的に氷はその水面全体を覆い、湖などに蓋をした状況になる。すなわち、氷ができたために氷の下の液体である水体と低温の空気の接触が遮断されるので、水体の水温はそれ以上下がらず（水体が持っている熱が逃げず）温かい状態が保たれる。

冬季、気温がかなり低下しても氷が蓋となりその下の水体の水温は低下することなくほぼ一定に保たれ、生物の冬季中の生存が可能となる（冬眠など動きは鈍くなるであろうが）。すばらしい自然の一面である。

佐賀平野にはいくつかの湖と多くの池がある。

7、作礼山山頂（唐津市）の池。上は４月、下は 10 月に撮影

池には農業用の溜池も多く、一年を通してみると、その維持管理のために一度は水を抜く（干上がらせる）ところも多い。そのような池でも、水域としての生態系は形成される。写真は作礼山の山頂にある池であるが、冬季には水面一面に氷が張り、生命の営みはほとんど感じられないほど静まり返っている。動いているものは風に吹かれる木の枝くらいである。それが春から夏にかけて水中には多くのオタマジャクシが密集して泳ぎ始め、水面や水中には水草が繁茂し始める。

氷が水に浮くという水に独特な性質を、実験室や台所のような理科や生活の場面のみの現象あるいは知識として留めることはもったいない。生態系の営みは冬季に水系の表面に氷が張ること（氷が水に浮くこと）からはじまる、というと言い過ぎだろうか。水に「固体が液体より密度が大きい」という独特な性質を与え、氷（固体）を水（液体）に浮かべた神は真に偉大である。

さて、氷の密度が液体の水よりも大きいとどうなるか、という話の続きである。水面で生成した氷は水体中を降下し、水底に降り積もって行く。そうして冬が過ぎ、春が来て温かい日差しが降り注ぐようになったとしよう。日差しから供給される熱は水面からしか供給されない。すなわち、熱を吸収するのは水底に積もった氷ではなく水面近くの水ということになる。水面の水は熱の供給を受けて水温が上昇するが、熱エネルギーがその温度上昇に費やされるので、底の氷には届かず氷はそのまま存在し続ける。

水面と底の水温差は次第に拡大していき、水中を泳いだり漂ったりする生物にとっては、非常に冷たい場所もあればかなり温かくなってしまった場所を繰り返し経験することになる。底生生物にとっては水底に氷が積もった状況では生きられないであろう。あるいは生存できたとしてもかなり過酷な環境であろう。

氷が水面に浮く場合と底に沈む場合といずれの場合が水中生物にとって居心地の良い環境であろうか。固体の氷が液体の水よりも密度が小さく水に浮くという性質は極めて特殊な性質である。我々人類はこの特殊な性質を示す水に守られて行きていてその特殊性を認識できる機会は多くない。水の存在とその性質の特殊性に感謝したいものである。

水の密度が四度で最大であることは、温帯湖における水の鉛直循環においても極めて重要な役割を担う。最近の日本は亜熱帯性の気候を呈するが、温帯～亜寒帯地方では冬季の気温はしばしば氷点下となる。そして湖の水面に氷が張っているとする。湖の氷の下の水温は四度より低く密度が低いので（軽い層が上に乗っている形なので）鉛直循環（対流）は起こりにくい。春になると気温が上昇して表層の氷が融け出して水温も上昇し始め四度に達するようになると水は最も密度の大きい状態を迎える。水面近くの水塊が最も重い状態になるため、下方への沈み込みが始まる。より深い層の水は表層に押し上げられ鉛直循環（対流）が継続する（春の turn over）。

このようにして酸素を十分に含んだ表層の水が底まで達し、湖の上下方向の対流によって湖水全体の水が混合されるのである。そして夏季に表層水の水温が最高値に達すると密度が最も小さくなる時期を迎え、鉛直循環が停止し成層形成期（停滞期）となる。そして秋を迎え、水面の温度が低下し始め再び四度に近づくようになると再び密度が最大値となって重さを増し、下方への沈み込みが始まり湖底まで十分に酸素や栄養素が供給される。そして再び冬を迎える。

このように温帯～亜寒帯域の湖では水温が四度を越えて上昇し、あるいは四度を越えて下降する時期が年二回春と秋に訪れる。この時期に水面から湖底まで水の循環が起こり、新たに供給された酸素などによる物質の酸化分解によって水質の改善が行われる。

近年、地球温暖化の影響のためか冬季においても流れ込む融雪水が減少するなどの理由から水面温度が十分に低下せず鉛直循環が起こらない状況が観測されている。日本でも亜熱帯湖の区分に属する湖が増えてきたようである。水中での出来事でもあり我々の認識しにくいところで異変が進んでいるのではないか。単に自然がそのようになっているだけで特に大きな意味はない、と考えるのではなく、その現象に何らかの意味があると考えていければと思う。春夏秋冬という四季を感じることが普通であった日本の風景が将来どのように変わっていくのか心配なところである。

五、水は粘性が大きい液体である

気体や液体など流体の粘り気を粘性という。粘性の度合いを粘性係数あるいは粘度で表す。粘性係数あるいは粘度が大きい流体ほどねばねばした（ドロドロした）流体となり、逆に粘性係数（粘度）が小さい液体はさらりとした流れ方を示す。多くの液体は温度を上げると粘性率が低下しサラリとした状態になる。

水の粘性率は代表的な有機液体であるジエチルエーテル、アセトンあるいは、メタノールなどと比較すると大きい。水分子が小さい分子であるのに、より大きな一部の有機液体よりも粘性が小さいことには留意してよい。水は水素結合という分子間力でお互いに集合する傾向があり、このことが水が小さい分子ながら粘性が大きくなっている理由と考えられる。

このように小さい分子ながら粘性が大きいということも水の特別な性質と言えよう。

この水の粘性が大きいことが水中での生物の挙動に影響している。水の粘性が大きいことは物質の拡散速度を抑え、水中での様々な化学反応が少しずつ進み結果として穏やかな条件（環境）を保つという効果を現す。また、粘性が大きいことは食物連鎖にも影響を与えている。水中では一般的に、植物プランクトン―動物プランクトン―小型魚類―大型魚類、という食物連鎖がある。すなわち、植物プランクトンが動物プランクトンの餌となり、動物プランクトンを小型魚類が摂食し、大型魚類が小型魚類を餌にしている。

食物連鎖の上位に位置する魚類は身体が大きいが、粘性が大きい水中を泳ぐためにエネルギーを消費しなければならない。例えば、餌となる生物を見つけてもそれを補食するためには泳いで到達しなければならない。水の粘性が大きいことは、より下位に位置する生物が補食され尽くすことを防いでいる。

粘性の高い水中での行動に要するエネルギー消費を最低限に抑えるため、上位生物が必要のない補食行動をとることを抑える効果を水の高い粘性が与えていると考えられないだろうか。

佐賀市内には、いくつかの公園があり、その公園の池では鯉などの魚が放されている。時折、佐賀平野の北部にある金立公園に行って心身を休めているが、先日その公園の管理棟で鯉に与える餌が売られていることを知った。確か一袋五十円であった。餌をやると、鯉は水中をゆっくりと泳いで餌を食べに来るが、餌まで到達するのに全身を使って泳いで来ることにこれまであまり留意したことがなかった。生物（魚）を研究している人にとってはこの魚の身体の動きは当然かもしれないが。振り返って、人は手さえ動かせば食べ物を口に運ぶことができる。何と楽な食べ方であることか……。それが人の飽食にもつながっているのかもしれない、と思った。

人は水の中でどのくらい速く走ることができるだろうか。水中を全身を使って泳ぎ餌に到達する鯉をみたとき、できるだけ近くの水面に餌を投げよう、と思うのは私だけではないだろう。現に、多くの人が餌をできるだけ近くに投げてあげるのは、鯉が食べる様子が見たいという理由だけではないと思いたい。ぜひ、鯉への餌やりを水の粘性と結びつけて、思いやりの感覚を育てたいと思ったひとときであった。ただ、人もそうだが積極的な生活動作や運動など意識して身体を動かすことが重要であることも忘れないように。

粘性についてもう一つ。粘性は流体同士の速度に差がある場合に粘着性の応力として現れる。すなわち、近くの流体（水塊）が動き始めるとその流体に接している別の水塊がその動きに引きずられて運動を始める。このことは、水塊の水平運動あるいは鉛直運動を考える上で重要となる性質である。水域では水は水平方向あるいは鉛直方向に絶えず運動している。海洋では海流や潮流あるいは潮汐流、湖沼においては湖流と呼ばれる流れが見られる。このような水の流れは水域全体の物質循環において極めて重要である。一般に水域における水の流れは水塊にかかる圧力が均一でなくなるために起こる。流れを起こす因子としては天体との相互作用、日射による熱の作用および風の作用などがある。日射（熱）は鉛直方向、風は水平方向の流れを起こす。海流、潮流のほか海洋における潮汐の干満による潮汐流、湖面上を吹く風に起因する吹送流、水の密度が熱の作用や塩分濃度により不均一となる際に生じる密度流などもある。外海では海流や潮流などが水の拡散や混合において重要となるが、閉鎖性水域では潮汐流、吹送流れあるいは密度流などが重要になってくる。いずれにしてもある一部の水塊で生じた流れが水本来が持っている粘性によってとなりにある水塊を移動させることは重要である。一部の流れだけであれば、湖水や池などの水は均一には撹拌されない。粘性によって水塊の流れが周囲に伝搬することによって大きな動きとなってその水体全体が均一に撹拌される。

六、水は化学物質の溶解性が高い

生物は摂取した栄養素や代謝産物（老廃物）などの化学物質を溶解して運ぶ媒体として水を使っている。これは水が化学物質を溶解する能力が大きいためと考えられる。生物の消化管では、食品中の炭水化物やタンパク質という水に不溶性の物質を、口腔から胃を経て小腸に至るまでの間に酵素などで加水分解し、水溶性の糖類やアミノ酸にまで分解して小腸で吸収している。脂肪は元々水溶性ではないため乳化という作業によりある程度の水溶性を与えてから小腸で受動拡散による吸収を行っているとされている。また代謝産物の排泄では、水溶性物質はそのまま腎臓で漉されるが、非水溶性物質も主に肝臓において酸化―抱合という段階を経て水溶性を示す物質に変換されて腎臓から排泄される。地球上には液体の水が多かったので生体も化学物質を運搬する媒体として水を使うようになった、とも言えるが、水が多くの物質を溶解する能力に秀でているので、水を運搬媒体として採用したと考えても良いのではないだろうか。

水は化学物質を運搬する能力が高いと述べたが、水が溶解できない物質も存在する。生体は水に溶けない化学物質を用いて体液を区画する材料として使っている。すなわち、膜である。脂質二重膜と呼ばれる膜で、例えば細胞膜は細胞の中と外を分けている。核膜は細胞核の中と外（細胞質）を分けている。

核内あるいは細胞質には生命活動に必要な様々な化学物質が存在し、核の外あるいは細胞外に分散しないようにそれぞれ膜で外部と仕切っている。そのような化学物質として脂質（主にリン脂質）が使われている。その脂質二重膜を補強するようにコレステロールが充填された構造になっている。

水はその溶解性の大きさと比較的高い粘性のゆえに温度変化や外来物質などの暴露など様々なストレスから生体分子を保護している。生体分子構造の形成や保持、機能の発現さらには生物の進化の過程に至るまで重要な役割を果たしていると言える。

代表的な生体高分子であるＤＮＡ（デオキシリボ核酸＝遺伝子の実体）の二重らせん構造やタンパク質の立体構造（特に三次構造や四次構造）とそれらの機能の間には密接な関係がある。これらの分子は核内あるいは細胞質にありそれらの周囲には水が存在して取り囲んでいる。もし取り囲む媒体としての水がなければ（あるいは水以外の媒体であったら）、これらの構造は容易に変化しあるいは解体してしまうであろう。そして機能も果たせなくなってしまう。水がこれらの分子の周囲にあることで構造が保たれ、引いては機能を発揮できるのである。

話が大きく生体に傾いてしまったが、もちろん水環境中でも同じことが言える。水は無機物、有機物のいずれの物質も多く溶解することができる数少ない液体である。このことが環境上あるいは生体上有用な様々な化学物質の運搬媒体として重要な理由であるが、一方で有害な物質も溶け込みやすいということでもある。水系（河川や湖沼）にゴミなどの物を投げ込んだりしないよう、自然界に注ぐ排水に有害な物質が含まれないよう留意したいものである。低平な佐賀平野を流れ下る河川には独特な環境が形成される。それは、有明海からかなり上流まで塩水が遡上するということである。有明海の干満差が大きいことで高低差の少ない河川の上流に向けて塩水や潟土を押し上げる満ち潮時の力が強いのである。このことが佐賀平野の河川に気水域を形成させ、有明海とともに独特な生態系と景観を形成させている。有明海と流入する河川に住む独特な生物種の学習と河川水に含まれる溶解物質との関係性をぜひ体系的に学んでいきたい。

七、水と溶存酸素（DO）・酸化反応

水に溶解している酸素を溶存酸素（Dissolved Oxygen DO）という。空気中には主に窒素（七九％）、酸素（二〇％）、アルゴン（一％）が存在している。すなわち、大気圧の条件下では空気一リットル中に酸素はおよそ二〇〇ミリリットル含まれるが、水中へのその溶解量は極めて小さく、窒素は二五度において水一リットル中に一四・七ミリリットル、酸素は二八・五ミリリットル溶解するとされる（酸素は窒素よりも二倍溶解度が大きい）。両者は非極性分子のため極性分子である水への溶解度は大きくはないが、少量ながら水中に存在することは水中生物の生存に必須の条件となっている。例えば、溶存酸素は水域に負荷される有機性物質を酸化分解し、あるいは還元性物質を酸化している。

写真8、9は小城市小城町の清水の滝である。この滝は清水川の上流にあり、高さ七五メートル、幅一三メートルで滝の水はほぼ垂直に落下している。一九八五年に名水百選のひとつに選定された。滝の周囲にはこの川の水を使って育てられたコイの料理を提供する店が軒を連ねる。水は滝を落下して下の地面あるいは岩で砕けるように飛び散るが、その際に周囲の空気との接触面積が増える。その表面から空気中の酸素が溶解してくるので、このように水が細かく飛び散る「しぶき」となるような状況は水の中に酸素を溶かし込む最も効果的な地形となっている。この酸素が下流で混入してくる有機物を分解する酸化と呼ばれる重要な水質浄化の主役となってくる。

8、清水の滝（小城市小城町）

9、清水の滝（小城市小城町）

酸化とは、狭義には物質が酸素と化合あるいは水素を失う反応、より一般的には化合物から電子を取り去る（奪う）反応と定義される。一方、還元とは物質が酸素を失うか水素と化合する反応、より一般的には電子を受け取る反応と定義される。酸化と還元反応は常に同時に起こっており、酸化還元反応と呼ばれることもある。相手の化合物を酸化した結果、自らは還元される化合物を酸化剤、相手を還元した結果、自らは酸化される化合物を還元剤という。物質としてではなく系として考える場合には、ある系の酸化性（酸化能力）あるいは還元性（還元能力）を酸化還元（レドックス）電位（ＯＲＰ）として数値化することができる。溶存酸素が増加すると酸化還元電位は上昇し、例えば溶存酸素で飽和した水のＯＲＰは大きな正の値＋五〇〇ｍＶを示す。このようにＯＲＰが大きな正の値を持つ系（環境）は一般に酸化力が強く酸化反応が優先しやすい（好気性）。逆にＯＲＰが低くマイナスの値を持つ環境では還元反応が優先する（嫌気性）。

溶存酸素による酸化反応は速くはないが、溶存酸素が消費され尽くされない限り継続して徐々に進行する。有機性物質は有機汚濁の原因となり水質を著しく悪化させるが、溶存酸素はこの物質を最終的には二酸化炭素と水にまで分解してくれる。また、還元性物質による水質の悪化も溶存酸素が防いでいる。還元性物質は溶存酸素と出会うとすみやかに反応してその毒性が消去される。このような場合は、溶存酸素が消費されやすいので溶存酸素の供給が継続して行われる必要がある。たとえば水中に空気を吹き込むなどの景観（滝や早瀬、あるいは波浪）は、水中に溶存酸素を供給する重要な自然の装置と言える。

10、仁比山公園下流の大井手（神埼市）

写真10には画面奥に人工の滝が見え、手前には岩の周囲を巻くように流れる水が映っている。滝が酸素を溶解させる重要な地形であることは先に述べたが、護岸工事など人の手が加えられていない河川では、滝以外にも酸素を吹き込むような自然の地形が普通に存在していた。最近ではこのような岩などは水流の障害になるため取り除かれた河川も多いが、自然の浄化あるいは生物の隠れ家（住処）を残すという点では、このような地形を残して行きたい。

このように、水中の酸素は水域に負荷された有機物（生物の排泄物など）を酸化分解して水質を回復するために重要な物質であるが、もう一つ重要な役割がある。

すなわち、溶存酸素は水中の好気性生物の酸素呼吸による生存に必須の物質でもある。

生物は呼吸に酸素を必要とする好気性生物と酸素

を必要としない嫌気性生物に分類される。両者が環境中に共存することが健全な物質循環と食物連鎖に重要となる。好気性生物の代表的存在は従属栄養生物でもあるほ乳類あるいは魚類であり、栄養素を摂取してそのうち特に糖質や脂質を酸化し（異化反応を行って）身体に必要な物質やエネルギーをつくっている。この反応は水中の有機物などを効率良く分解してくれるので、好気性生物が豊富に存在することが水質浄化に欠かせないし、逆に水質が十分に良い水域では溶存酸素が消費されず十分に存在することもあって、魚介類などの好気性生物が多い。

写真11、12、13（次頁）は、沿岸域の生物を写したものである。撮影場所は波戸岬（唐津市鎮西町）である。

沿岸域とくに波打ち際では河川などと同じく水と空気が接触する機会が多い。海岸線では波が常に岸辺に打ち寄せては引くを繰り返している。その際、波内際の波の先端は細かく砕かれた水滴による屈折や散乱によって白く見えるが、その際に空気中の酸素を効率的に溶解する。波打ち際は日射による水温が比較的高いこと、日射により植物プランクトンが多くまたそれを餌とする動物プランクトンや小型魚類も豊富に生息している。有明海のような広大な干潟が広がる場所では玄界灘のような一見激しい波の打ち引きが感じられない。しかしながら大きな干満があり（最大六メートルともいわれる）、満潮時にそこを遡上して来る波は速くなる。干潟といえども鏡のように完全な水平面ではなく凹凸があるので、速い波がその凹凸を乗り越えながら満ちて来るさいに波の先端部の砕ける部分で酸素が溶解する。

有明海の特に底部では近年頻繁に貧酸素水塊が発生し、特に貝類の漁獲量が回復しないことが問題となっているが、自然のしくみにはこのように（閉鎖性水域といえども）海域に酸素を溶け込ませる自然の過程が存在する。島原湾や有明海と外海（東シナ海）は早瀬瀬戸（島原半島と天草下島の間の海峡）

11、海辺の生物、波戸岬（唐津市鎮西町）にて

12、海辺の生物、波戸岬（唐津市鎮西町）にて

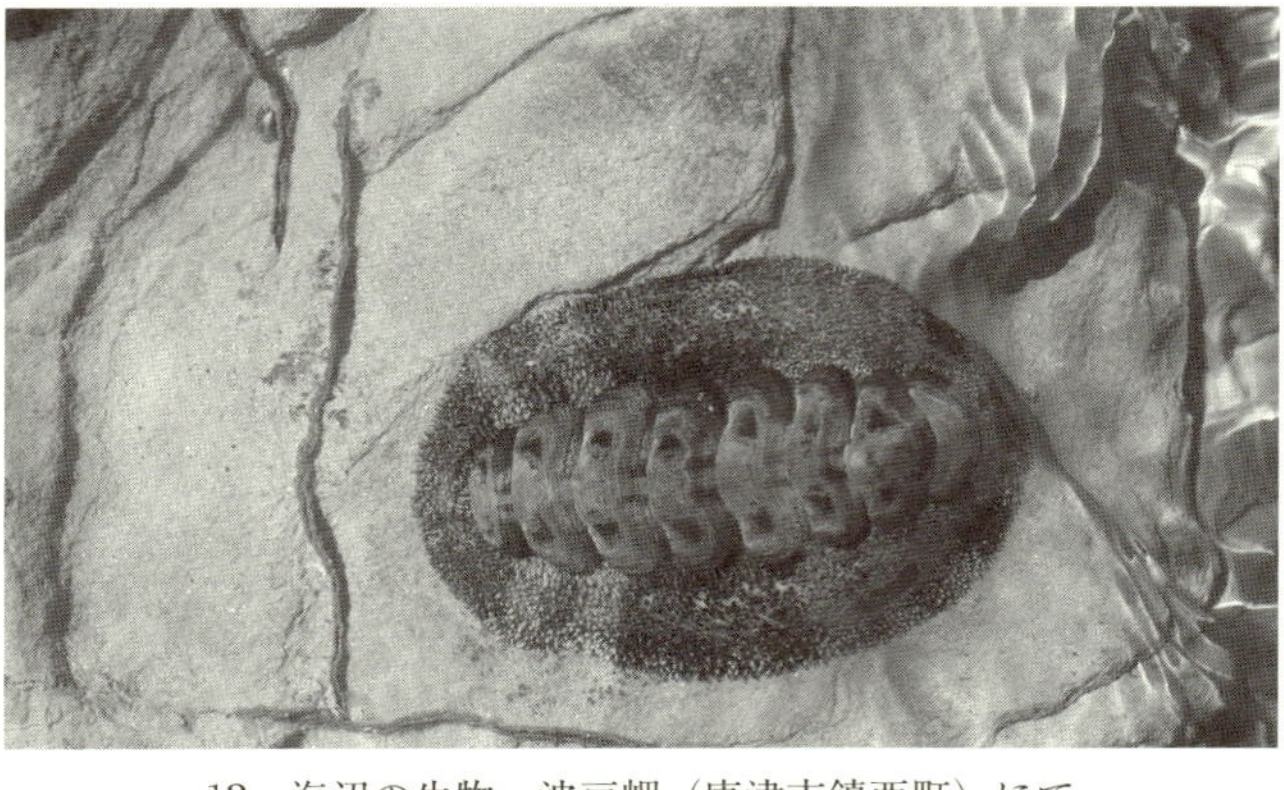
13、海辺の生物、波戸岬（唐津市鎮西町）にて

でつながっているので、海水の出入りはあろう。この潮汐流が外海の酸素に富んだ海水と瀬戸の内側の海水を入れ替えてくれることもあるかもしれない。しかし、有明海の最奥部の佐賀平野の沿岸域までその効果が現れるには、様々な過程を経なければならない。その間にその自然の酸素供給のしくみを人の行為が打ち消すことになっているかもしれない。しかし、再奥部でも（潮汐流のように大規模ではないにしろ）水質浄化のしくみは存在する（備わっている）ことを認識して、それらの大小幾つかの規模の浄化のしくみが組み合わさってその地域の自然環境が維持されていることを忘れてはいけない。

さて一方、嫌気性生物は酸素が存在すると生存できない（死ぬ）生物、あるいは酸素が存在する場合は酸素呼吸で（酸素が存在しない場合は別の形で）エネルギーを生産する生物などいくつか分類されるが、いずれにせよ必ずしも酸素が存在しなくても（酸素を使わなくても）生命維持に必要な異化反応ができる生物である。細菌類のように小さい生物が該当するが、これは嫌気性呼吸が好気性呼吸に比べて同じ量の物質から産生できるエネルギー量が少なく身体機能（物質合成やエネルギー生産）を維持できないことに起因している。従属栄養形態の嫌気性生物は取り込んだ栄養素を酸化するために溶存酸素の酸素原子ではなく硝酸イオンや硫酸イオンなど、水中に溶解している陰イオンに含まれる酸素原子を用いて有機物を酸化している。違いは、有機物を酸化するための酸素原子をどの物質から持って来るかということである。

水に溶解できる酸素の量は少ない。水中生物はその少ない溶存酸素に頼って生活している。そのため、

16、サルボウ貝を積んだ漁船が有明海の揚げ場に着く

14、有明海のサル

15、船に満載されたサルボウ貝

有明海では底部を中心に頻繁に貧酸素水塊が発生してタイラギやあさりなどの貝類の斃死がしばしば報告される。

14、15、16の三枚の写真は、有明海の少し沖に出た海域でのサルボウ貝の漁獲の写真である。棒の先端に金属製の籠を取り付けて海底を探り、細かい砂や泥は金属の目の粗さによって除去され、籠の目よりも大きい貝類のみを漁獲するというものである。大きな袋に何袋も満載できるほどの収穫量である。

細菌類あるいはプランクトンは自身の身体が小さいために一個体当たりの酸素必要量が少ない。そのため、溶存酸素が存在する限り爆発的に増えてしまう。そしてその後、溶存酸素が枯渇して、増え

17、クリークの水面を埋め尽くした藻類（佐賀平野）

すぎたプランクトン類は死滅し水底に沈降して腐敗することにより水質の悪化が進む。貧酸素水塊あるいは低酸素水塊が形成され、特に貝類のように移動範囲が狭い生物の斃死が起こる。有明海などの閉鎖性水域では溶存酸素を十分に含んだ海水との入れ替わりが起こりにくく、このような魚介類の斃死がしばしば繰り返される。もちろん生物種にはその環境への適応能力の違いがあり、一概にその環境の善し悪しを判断できない。有明海は小さい内湾ではあるがその場に立てば目の前に広大な海面が広がっている。海域全体の健全な生態系とはどのような状態か、良い環境はやはりその空間全体の要素が調和的に健全に機能する状態と考えれば、まだまだ有明海の環境について人が解明できていないことが多そうである。

　写真17、18は佐賀平野の陸域水系の写真である。佐賀平野にはクリークと呼ばれる水路が多いが、消火用の水として貯留する意図もあるためか、水の流れが滞りやすく溶存酸素

18、クリークの水面を埋め尽くしたホテイアオイ（佐賀平野）

も枯渇しがちのようである。それでも水面は空気と接しているので酸素の溶入は十分あり、水面には生物が繁茂するという状況である。

写真19は佐賀県庁前の堀に設置された装置で水を撹拌循環させる装置である。電気は太陽電池パネルで供給されている。

蓮など一部の植物は泥の中に根を張るが底泥に酸素はほとんど存在しないと言って良い。緑色植物といえども光合成のみで自身を構成する物質や生命活動のためのエネルギーをまかなっているわけではなく、生育にはやはり酸素が必要である。どこから取り入れているのか。葉あるいは気根とよばれる部分など植物によって酸素の取り込み方は異なるが、稲や蓮は葉から、マングローブなどで見られる植物は気根（呼吸根）から酸素（空気）を取り込んでいると言われている。佐賀大学にもラクウショウ（ヌマスギ）と呼ばれる高木が植えられている。北米に分布し沼沢地など湿潤地で、根元が少し水につかった状態で自生しているようである。

河川は、降水の表面流出成分および地下水が地表に現れた水（中間流出成分）が集まって湖沼や海洋に向かう流路である。流速が大きいため土壌を侵食する作用が大きく、絶えず地形を変化させる（侵食・運搬・堆積）。河川のような表流水は人為的作用によって汚濁を受けやすい。しかし一度負荷された汚濁物質はその量が適度であれば時間的経過および空間的移動の間に次第に減少していく。これを水域の自浄作用という。

19、佐賀城の堀、水を攪拌させる装置がある

自浄作用は溶存酸素が豊富で好気的条件が保たれている状況、すなわち、溶存酸素による有機物の酸化分解が効率的に作用している状況において最も大きい。河川水のような流水は湖沼などの静水域に比べて大気との接触面積がはるかに大きくなるため、大気中の酸素を溶入する能力が大きく自浄能力は湖沼などよりも大きくなる（河川の自浄作用）。河川の自浄作用に関わる因子としては、物理的・化学的作用として希

釈、拡散、混合、揮散、共蒸留、沈殿、ろ過、吸着、凝集、酸化還元、複分解、中和および生物による作用がある。

写真20は佐賀市内を東流する佐賀江川の写真である。佐賀市内を流れる河川は、佐賀平野がかなり低平なためかゆっくりと流れていて、あまり早瀬などが見られない。有明海に近く河川の両岸部には潟泥が堆積している。他にも筑後川、本庄江川、六角川などいくつか河川が有明海に注いでいるがどの河川も河口に近づくにつれて同じ状況が見られる。

写真では、茶色の水が河口に向かってゆっくりと流下する様子が映っている（奥は蓮池公園）。濁っていることが必ずしも汚濁が進んでいるということではなくその地域特有の景観と言うべきだろう。現に有明海の水は濁ってはいるが日本でも有数の海苔の生産地である。

しかしながら、水質浄化に重要な要素（酸素など）が常に十分に供給されている状況というわけでもない。人が過度な有機物を水域に負荷することになればたちまち溶存酸素は枯渇し、還元性雰囲気になってしまい（生物にとっては有毒）、魚介類をはじめ鳥類など様々な生物は姿を消す。

写真21は東与賀海岸の大潮時の写真である。このあたりはシチメンソウの自生地である。シチメンソウは西日本の干潟に群生するアカザ科の一年草で、北海道のアッケシソウと並ぶ塩生植物であり、東与賀海岸では保護区を設けている。晩秋には美しい赤に染まる。

写真はその保護区の大潮満潮時に潮がコンクリートを越えた様子で遊歩道もすべて水の下である。最近シチメンソウの生育が弱っているのではないか、シチメンソウが生育している土壌に塩類が集積して塩分濃度が上がっているのではないか、という指摘がある。塩生植物といっても元は陸上植物であり、それが海域に進出した植物のようなので、海藻と異なり塩分にどこまでも強いということではないらしい。このような話を聞いて写真のように海水に浸かっている姿を見ると濃縮された塩分を洗い流してもらって多少生き返ったように見えるのは私だけであろうか。

20、佐賀江川と蓮池公園（佐賀市）

21、 大潮時の東与賀海岸（佐賀市）

22、蛇行する六角川（杵島郡大町町付近）

八、水と表面（界面）張力、水と毛管現象

一、界面

水のような液体はその表面積をできるだけ小さくしようとする傾向を持つ。このため外から力が加わらない限りは球形をとる。液体では、内部にある原子（分子）は周囲から均等な力を受けるが、表面（空気と接している場合には気液界面）にある分子は液体内のより中心部に存在する分子あるいは表面に沿って並んで存在している分子からの引力しか作用しない。表面に存在する分子は個々に一定の方向（内側へ）向かう引力しか作用しないため、その結果が球形という最も表面積が小さくなった形として現れている。

この表面張力は、空気と水の界面のような気体と液体の界面では気－液界面と呼ばれるが、固体と液体あるいは液体と液体にも界面は存在する。例えば氷と液体の水の境は固－液界面であり、水と油のように互いに混じり合わない液体の界面は液－液界面と呼ばれる。そこで表面張力はより一般的には界面張力と言われる。水と油のように互いに混じり合わない液体同士は明瞭な界面を形成する。

この二つの混じり合わない液体を溶け合わせるような化学物質が存在する。二種類の液体がつくる明

瞭な界面をまたいで存在できるこのような化学物質を界面活性剤といい、双方の液体を混合させる役割を持つ。水だけでは取れない様々な付着物質の除去（洗濯）や、料理で使われる調味料ドレッシングなど様々な場面で界面活性は応用されている（ミセルの形成・乳化など）。

二、毛管現象と濡れ

毛管現象や濡れ、などは界面張力のバランスによって生じる現象と言える。毛管現象は液体中に細い管（毛管）を差し込むと管壁と接する周辺部が液体中央部よりも盛り上がるかまたは下がる現象である。コップに水を入れたとき、ガラスの周囲の液面が中央部より上がっている現象はなじみ深いところである。液体分子が互いに凝集する力と液体分子と管壁との間の引力（付着力）との兼ね合いにより液面が上昇するか下降するかが分かれる。液体分子と管壁との引力が強い場合には液体は盛り上がる。一方、ガラス容器に入れた水銀では周辺部（ガラス容器と接している部分）は水銀の液面中央部よりも下がる現象が見られる。「濡れる」という言葉はこのような性質の異なる二つの物質が接触した場合に、その物質同士の引力の大きさ（凝集力と付着力）の兼ね合いによって「濡れる」「濡れない」という表現となる。ナイロン傘やナイロン素材の雨合羽が雨天のときに使われるのは、ナイロンという物質に水が付着しにくいことが大きな理由である。水との付着力が大きい綿、麻あるいは絹などを用いると雨が忽ちしみこみ雨漏りしてしまう。

佐賀平野、特に白石町ではレンコンの栽培が盛んである。多くの人はレンコン（蓮）の葉の上で水が丸い粒を形成しているのを見たことがあるだろう。蓮の葉の表面には短い毛が密集しており、それが水を球形にしているのである。水は表面張力が大きいため球形になりやすい。通常、液体や気体（流体）は容器などその形を制約するものがない限り、自由に形を変えることができる。水の表面張力が大きいということは水分子が集合しやすいという性質と密に関係して、水と油が混じり合わないのは、水分子が集合して油という異質な分子を排除してしまうためである。そして、一般に油の方が水よりも密度が小さいため油は水に浮く。ドレッシングを静かに置いておくと二層に分かれるがこの良い例である。

さて、ヒトの身体の六割以上は水であるという。水がこのように他の分子を排除して集まりやすいという性質が、ヒトの仲間意識と関係があるか無いか？　という研究はあるだろうか。

身体は物質で出来ており、近年、心と物（物質）との関係を明らかにする研究が盛んで急速に様々なことがわかってきた。将来、ヒトの心の動き（心の理学）と化学物質の性質（物の理学）との密接な対応関係が明らかにされた！　という時代が来るだろうか。

三、毛管現象と土壌

水の表面張力あるいは毛管力と土壌の関係についてみてみよう。土壌とは地殻表層を覆う岩石の風化により破片化された無機物（熱・水あるいは根の作用による）と動植物の活動により蓄積された有機物（代謝物・落葉・落枝・根あるいは排泄物、遺体など）が混合した固相、塩類などを溶解した水（液相）、および空気（気相）の集合体である。地表面を形成し、生物の生存、特に植物体を支持する地殻の構成成分である。気相部分は大気に比べて酸素が少なく二酸化炭素が多くなっている。また、通常は水蒸気で飽和されている。液体の水と土壌の関係では、①保水性、②透水性、③浸透（浸潤）性の三つの性質が重要である。

水をタオルに接触させると水が吸収されることはなじみ深い。通常タオルは綿でできており、水と親和性が強く吸水力が大きいため、汗を拭いたり濡れた部分の水を拭き取ったりするために用いられる。あるいは乾いた砂を容器に入れて底に小さな穴を開けておき、底を水に漬けると水が砂中を上昇していく現象が見られる。このように、実際には水面と接触していないのに濡れて行く現象には毛管現象が大きく関わっている。これらの物質の表面は「濡れる」という言葉で表されるほど水と親和性が大きい。水と親和性が大きいため一度濡れると水と引き離すために一定の時間を要する。洗濯物を早く乾かすためには晴れて日射があり（太陽熱エネルギーの供給があり）、湿度が低く表面から気化が起こりやすいことが条件となる。砂から水分を取り去るにもティッシュなどで拭いても簡単に乾くものでもなく水が蒸発するために一定の時間が必要である。このように水と親和性の高い物質表面には水が一定時間留まるが、この現象が土壌などの保水力の最大の要因である。土壌や岩石あるいは綿・麻・絹など親水性の衣服類などでもそうであるが、その空隙に水分が毛管力により保持されている。空隙内に毛管力で水分子が水素結合により架橋して存在しているが、その水分量を保水容量という。毛管力で架橋できる長さには限りがあり、水は表面張力や毛管力が大きい液体ではあるが、大きな空間を長い時間充填できるほどその力は大きくない。従って、砂礫層など粒径が大きいために間隙が大きくなる場合には、保水容量が小さくなる（透水性は大きい）。

土壌中に適度な空間が存在すると水の集合体としての移動が可能となる。この水移動の容易さを透水性という。透水性が大きい土壌では「水が流れる」という言葉で表現される現象が見られる。粒径の細かい粘土層よりも砂礫層の方が間隙が大きく透水性は大きい。土壌中の水の移動（流れ）は、孔隙が水で飽和した状態の飽和流と孔隙内を空気と水が混在して（水が空気を巻き込みながら）流れる不飽和流とがある。例えば、降雨強度が大きい（土砂降りの）場合には降水は土壌中を飽和させながら流れるであろう。小さい場合には水の流れに空気が巻き込まれる（引きずられる）形で不飽和流として流れるであろう。一般に地下水にも水面があり地下水面というが、地下水面より下部は水で飽和されて（水が溜まって）空気を含んでいない（飽和地下水）。地下水面より上方にいくにつれて空気の割合が大きくなる（不飽和地下水）。

不飽和地下水など不飽和状態の水は毛管力により地層中に保持されているため、流亡あるいは蒸発などにより失われやすい。そのため、雨が止むと（水の供給が止まると）土壌の表面に近い所から水分が失われて行き、深い層の水分量も次第に低下していく。

佐賀平野の西端、白石町に湧き水でできた「縫ノ池」という池がある。この池の水は背後の低山から流出して来る地下水が白石平野の地下、帯水層に貯留したものが地上に湧き出たものである。この池の水は周囲の集落に住む人の大切な水場そして交流の場として利用されてきた。

以前、この縫ノ池の水が涸れたことがある。原因は、白石平野における農業用水の過剰な汲み上げだったようだ。その後、汲み上げが制限され、現在では水の湧出が復活し、縫ノ池は水を満々と湛えた以前の姿を取り戻した。

湧き水の量は帯水層に流入する水量と流出する（汲み上げられる）水量のバランスによって変動する。湧き水が涸れる現象は、白石平野の地下で帯水層がつながっている（地域が水を以てつながっている）ことを示すと同時に、水は、集落の範囲を越えてその地域（広域）の人の営みをつなげる物質でもあることを新ためて感じ取りたい。近年、大量生産と大量消費の時代が長く続き、人々はお互いを感じる心の豊かさよりも物（物質）の獲得に快適を感じ過ぎているのか。「水」は自然界に人々のつながりを越えて普遍的に存在し、そのことが、再び人々や地域を結びつけていくのである。

乾いた地面に弱い雨が降ると、雨水で濡れた部分が土壌中に侵入していく（浸潤）。濡れた部分と乾いたままの部分との間には明瞭な境界面が見られ、この境界面を浸潤（ぬれ）前線という。この浸潤前線は雨が続けば時間とともに下方に移動して行く。降雨の初期には負圧毛管力により土壌への水の侵入速度は大きい（吸い込まれやすい）。侵入した水の一部は間隙に保持されて充填されていき、残りの部分が下方へ移動していく（浸透）。そのため侵入速度は時間とともに低下していき最終的には一定値となる（浸透能として表す）。この浸透能の大小によってどのくらいの強度の雨でどのくらいの時間降り続けば土壌が飽和して地表面に滞水するかが決まってくる。土壌への侵入速度を越えるような強度の雨が降れば次第に水たまりが形成されるようになり、水が地表面を流れるようになる。このような場合に特に斜面では土壌侵食が起こりやすくなる。

四、土壌中の水の存在形態

森林土壌には落葉や小動物のつくった空間（空気層）が多い（腐植層・腐植土）。この土壌の空間には降水が結合水あるいは毛管水という形で蓄えられている。結合水は吸着水あるいは不動間隙水とも呼ばれ、土壌粒子に物理的に吸着あるいは化学吸着により保持されていて、重力や毛管力によって間隙中を自由に移動できない水である。そのため気化することによる水蒸気としてのみ移動可能である。乾燥時には最後まで土壌中に保持されている水となる。毛管水は不飽和帯において毛管力により間隙中に保持されている水で、この水は液体状態で移動可能である。

五、地下水

地表面と地下水面との間にある地下水（土壌水）は、その存在する深さにより地下水面から上方に向かって「毛管帯」「懸垂帯」「蒸発帯」に区分される。毛管帯は水で飽和してはいるが水圧は低い（疑似飽和）。懸垂帯では毛管作用によって水が土壌粒子の接点の周囲に環（リング）状に付着している部分が多く見られる。水で飽和しておらず空気と混在している部分である。蒸発帯は降雨など地表からの水の供給時には水が存在するが、供給が止まると大気中に蒸発してしまう部分である。

降水は、①地表部分から蒸発散する成分（遮断蒸発を含む）、②表層を流れて河川や湖沼に達する成分（表流水）、および③地表面から下方に浸透して地下水面に達する成分に区分される。地下水は③の成分に相当し、地形的に高い所（山岳部や丘陵地）では地下水の流れは下向きの成分を持つ涵養域となり、低い所（平野部）では上向きの成分を持つ流出域となる。地下水の涵養域では地下水面が深く、従って地表面は乾燥しがちで、排水性の良い乾燥した土壌を好む植生が分布する。低地の流出域では、地下水面が浅くなり湿った環境を好む植生が繁茂する。畑が涵養域にあり、水田が流出域にあることは、自然の水の流れ（恵み）をうまく利用した結果といえる。

写真23、24（次頁）は麦畑の様子であるが、佐賀平野では二毛作が行われている。初夏から秋にかけては水稲栽培が行われ、秋から春先にかけては麦が栽培されている。写真は麦を栽培している時期のものである。

稲は（田に水を張るように）湿った土壌を好むのに対して麦は乾燥土壌で生育が良い。そこで佐賀平

23、早津江川河口域　大麦（ビール麦）畑

24、　大麦（ビール麦）と小麦（佐賀平野）

野では麦（ビール麦）を栽培して農家の収入を確保するため、排水路を深く掘ったり田地の下に排水用の暗渠を設置するなどしている。水稲栽培の時期には水漏れがないように排水口を閉め、麦栽培の時期には開けるなど排水を管理することにより水田耕作と畑作の両者を可能にしている。

田植えの時期は生活用水以外で水が大量に必要になる時期である。我が国では時代を通じて稲作が盛んである。弥生時代に稲作が伝

25、菜畑遺跡（唐津市）

播して以降、我が国で稲作といえば水稲栽培を指すので、天水あるいは湖沼や河川あるいは地下水などからの利水によって水を得てきたのである。

菜畑遺跡（唐津市）は、現在日本最古の水稲を耕作した遺跡で竪穴式住居とともに縄文時代の水田跡が発見されている。背後には照葉樹林が広がっていたらしくその山から湧き出した水を利用していたのかもしれない。

地下水は地表水と違って土壌や岩石の間隙を縫うように動いており、一般に流速は遅い。自然の浄化作用を受けて水質が良く、水温の変動も小さい。地下水は各所で地表面に流出していて表流水の給源でもあり、河川や湖沼のような表流水は生物の活動などによって汚染されやすいが、清浄な地下水が供給される（流出する）ことによってそれらの水質の保全にも役立っている。地下水は地表面下を流れてい

26、「多良川水源地」の指導標（多良岳）

27、指導標の近くの石の下から流れ出す水、
多良川の水源（多良岳）

るため日常的に水の状態を観察できない。表流水のように水平方向だけでなく垂直方向への流動もあるため、水の流れの方向が把握し難い。そのため、何らかの異常が発生していても障害が認知されにくく、また異常が発見されたときには現象が進行してしまい、復元が困難になることも多い。

湧水は地下水が自然の状態で地表面に流出する成分で、地下水面が地表に現れる地下水の天然の露頭といえる。湧出の形態は湧泉、散布性滲出、滝など多様である。湧水地は地下水の健全性を観察できる場所であり、湧水は地下水の水質保全上重要な役割を担っている。

ここで、いくつかの湧水の写真を挙げた。山腹から湧く水、山麓から湧く水あるいは扇状地形の扇端部から湧く水など、地形によって水が湧く場所は様々である。たとえば、不動水は道路傍の山が切れた部分に湧いている水である。山を切って道路を造成すると、本来その高さを走っていた地下水が工事な

28、霊水石と湧水（神埼郡吉野ヶ里町、霊仙寺水上坊跡近く）

29、不動水（嬉野市塩田町、唐泉山麓）

30、縫ノ池（杵島郡白石町）

どによって露頭となり、法面に地下水が湧き出す例も多い。先に述べたように縫ノ池は、背後の山から流れ下ってきた地下水が平野に出てきたところで湧き出し、平地のため、その部分に池を形成したものである。霊水石と湧水（霊仙寺水上坊跡近く、写真28）、金立山湧水岩（佐賀市金立町、写真31、32）のようにあたかもその岩から水が湧き出ているように見える場合には、その岩を崇めるように水神さまが祀られる例も多い。

近年、良質な水質を持つ地下水のくみ上げが地盤沈下を引き起こす事例が頻発した。地盤沈下は地下水巣の過剰な汲み上げ（地下水揚水）によって地下水の上に存在する土壌を支えきれなくなって地表面が長期にわたって沈降する現象である。地下水揚水による地盤沈下の起こりやすい地層は透水性の良い砂層・砂礫層（透水層・帯水層）と透水性の悪い粘土層（不透水層）の互層である。砂礫層から過剰に地下水が抜き取られると粘土層から水が砂礫層へと排出されて収縮してしまう。粘土層から排出された水は地下水供給が回復しても上層の土壌の過重がかかっているため容易に体積が回復しないことが地盤沈下が一度起こってしまうと復元が困難な理由である。

31、32、ともに金立山湧水岩（佐賀市金立町）

六、土壌粒子

土壌粒子は様々な形態で存在している。砂礫など粒の粗い（粗粒の）ものは単独で存在する（一次粒子、単粒構造）。粘土やシルトなども細かくみれば一次粒子であるが、これらが有機物などの存在下で集まって（凝集して）多孔質の団粒（構造）をつくることがあり、土壌の団粒化といっている。

写真33はタマネギの栽培の様子（白石町）であるが、その他ネギ、韮などの植物は土を団粒化させる能力が大きい植物である。一度、これらの葉が長く細い作物（ユリネ・小ネギ・エシャロット・リーキ・アスパラガス・らっきょう・長ネギ・玉葱・ワケギ・ニラ・ニンニクなど）を栽培している農地の土を手に触ってみると良い。触ると適度な大きさを感じつつも少しの力でほぐれるようにばらばらになっていく。しかしながら細かい粒子のように落下中に風に乗って舞い上がるということはない。小さく砕かれながらもいつまでも団粒構造を保っているのである。

一次粒子は粒子同士の結びつきが弱く相互に接触しているのみで容易にバラバラになって流亡したり、特に粘土などは逆に固まりやすく透水（通水）性や排水性が悪くなる。団粒化は粘土表面の陰電荷を陽電荷を帯びた金属イオン（鉄やアルミニウムなど）が電気的あるいは粘着的に結びつけることによって促進される。その後、生物由来の腐植物や代謝物も巻き込んで適当な大きさの塊となる。空隙を多く含んで目詰まりしにくく、保水性や排水能力に優れている。その他、団粒土は通気性や保肥性にも富んで

33、タマネギの栽培（白石町）

いる。

植生には適度な保水性や排水性のある土壌が必要である。微生物が活動する条件が整っていて微生物の活動も活発である。粘土などに比べれば透水性なども向上するため土壌侵食に対する抵抗性も大きくなる（土壌改良）。森林土壌は水が浸透しやすい。水のしみこまない土壌は雨を浸透させたり蓄える能力が低く、雨水は地表園を流れて表面土壌を流出させる。大雨の際には洪水や鉄砲水あるいは土砂崩れなど様々な自然災害を引き起こすことになる。

森林土壌は透水性と保水性が高いが、これは高度に団粒化した土壌腐植の存在によるところが大きい。土壌中に含まれる有機物は腐植物質と動植物遺体に区分さるが、腐植物質は動植物の代謝産物や排泄物あるいは遺体が土壌微生物や動植物に利用されて分解・排泄されるという繰り返しの中で生成した有機物である。

森林土壌はこのような腐植物質を多く含むため、安定な耐水性の団粒構造を有し、小さいながら無数の孔隙に富み、水や空気を十分に含んで長い間保持することができる。このため微生物の高度な集積が可能となる。

森林土壌は、①浸透水中に浮遊あるいは懸濁している成分をろ過し、②溶解している物質やイオンあるいはガスを土壌表面に吸着し、あるいは微生物が利用し、③水素イオンとミネラルイオンを交換するイオン交換能を発揮して水素イオン濃度を上昇させ、中性~弱アルカリ性の水とする、など様々な特徴を持っている。酸性雨や酸性雪などの酸性の降水が問題となっているが、我が国の森林土壌はその酸性を中和して我々に良質な水を供給し続けている。

七、土壌侵食

一般に土壌は水や風などの作用によって侵食を受け、様々な地形を形成する。一般に水による侵食の形態は下記の三種類に分類される。

(一) シート(面状・布状)侵食

植生に乏しい(半)乾燥地域では、裸地が露出して踏み固められがちで、雨水が土壌に浸透しにくく地表面に溜まり面状に覆いやすい。この溜まった水が流水となり地表面が面状に侵食されていく。傾斜

32、面状侵食の状況（有明海干潟にて）

がほとんどないか緩やかな場所では、土壌粒子が流水に伴って移動した跡だけが残り、流路が明瞭でない場合も多い。

写真32は面状侵食として干潟の写真を示したが、このようにかなり浅い水たまりをつくるように広がりながらどこか最も弱い部分をてがかりに水が流出して行くというイメージである。グランドに溜まった水も想像してみると良い。そして、その流出場所は水が集まってくる場所となり多くの水が流れる場所となるので、その場所から傾斜が始まるような場所ではリル（溝）が形成され、その後、水流によって次第に掘り込まれて行くことになる。

（2）リル（雨溝・細溝）侵食

斜面上にわずかな凹みがある場合、雨滴や流水がその凹みをてがかりとして表面土壌を削りとりながら浅

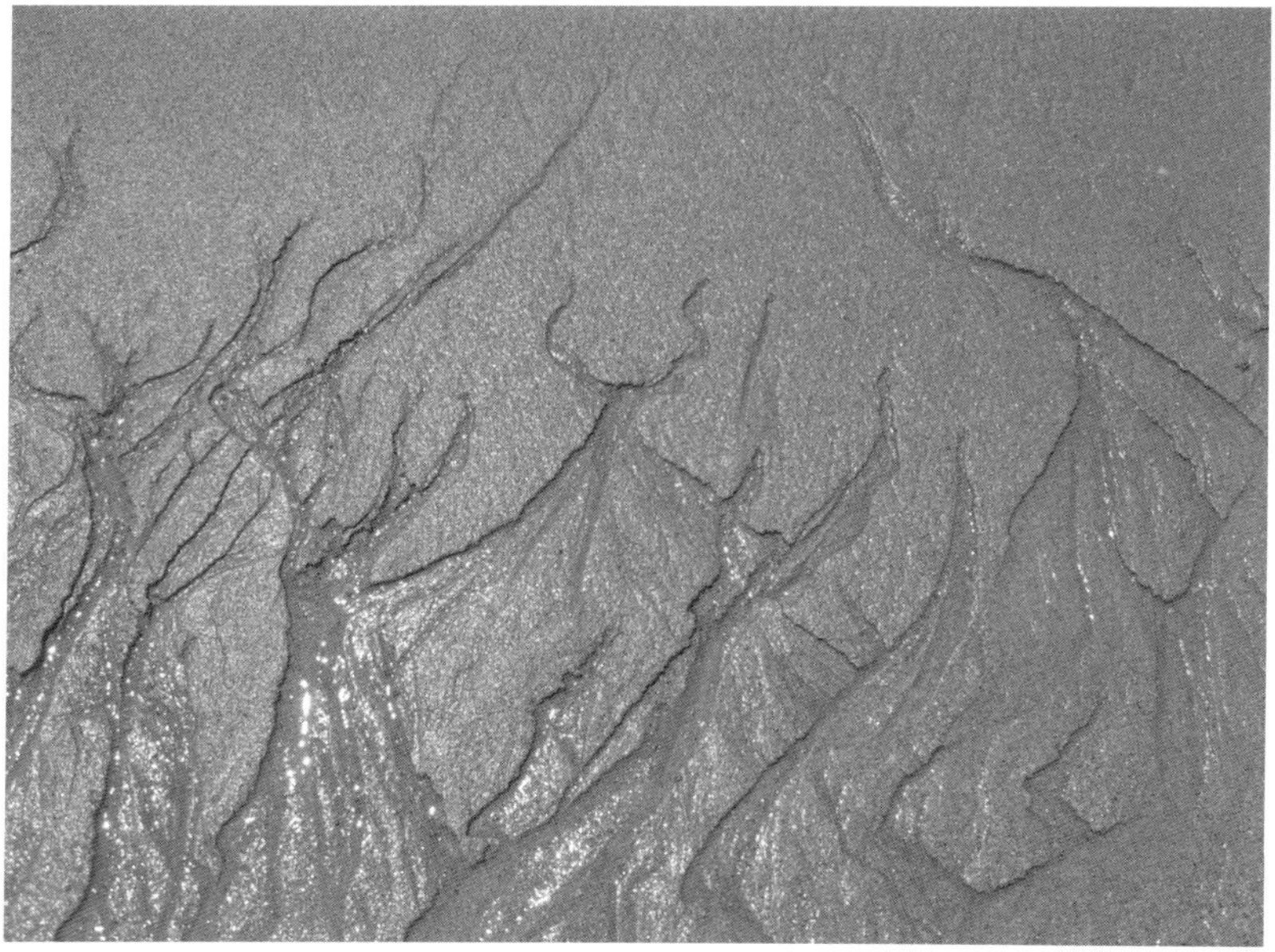

33、リル侵食　(唐津、相賀の浜)

い溝を形成し掘り込んでいく。この溝をリル（細溝）といい、いくつものリルが網状につながっていく。リルが成長するとガリへと移行する。

写真33は海岸の砂浜で撮影したものである。砂浜の砂は砂礫で一次粒子であり、容易にほぐれてバラバラになりやすい。そこに水が流れると砂が水に伴って容易に移動し、リル（溝）が形成される。砂浜の場合は深く掘り込まれて行くというよりも、リルの側壁の粒子が水流によって崩れやすいのでリルの幅が広くなっていくというイメージである。流路が変わりやすく一見、面状侵食とリル侵食の中間的な侵食と言えないこともない。傾斜が急であれば、水平方向の（流れる）作用に比べて重力方向の（水流の重量）作用が卓越するようになるので、溝が深く掘り込まれて行くようになる。

（3） ガリ（地溝・地隙・雨裂）侵食

傾斜の急なところでは、降水の量が多くなると、水はリルを集中して流れるようになる。リルは水の重量と流速によって次第にその長さと深さを増し、ほぼ垂直な側壁を持つ溝が形成されていく（下方侵食）。雨滴よりも流水による侵食が卓越し、侵食に対して抵抗性のある岩石層などが存在しない場合、どこまでも深く侵食が続き、数メートルの谷が形成され、短期間に大規模に地形が変化することもある。

このような侵食の要因として次の三つが挙げられる。

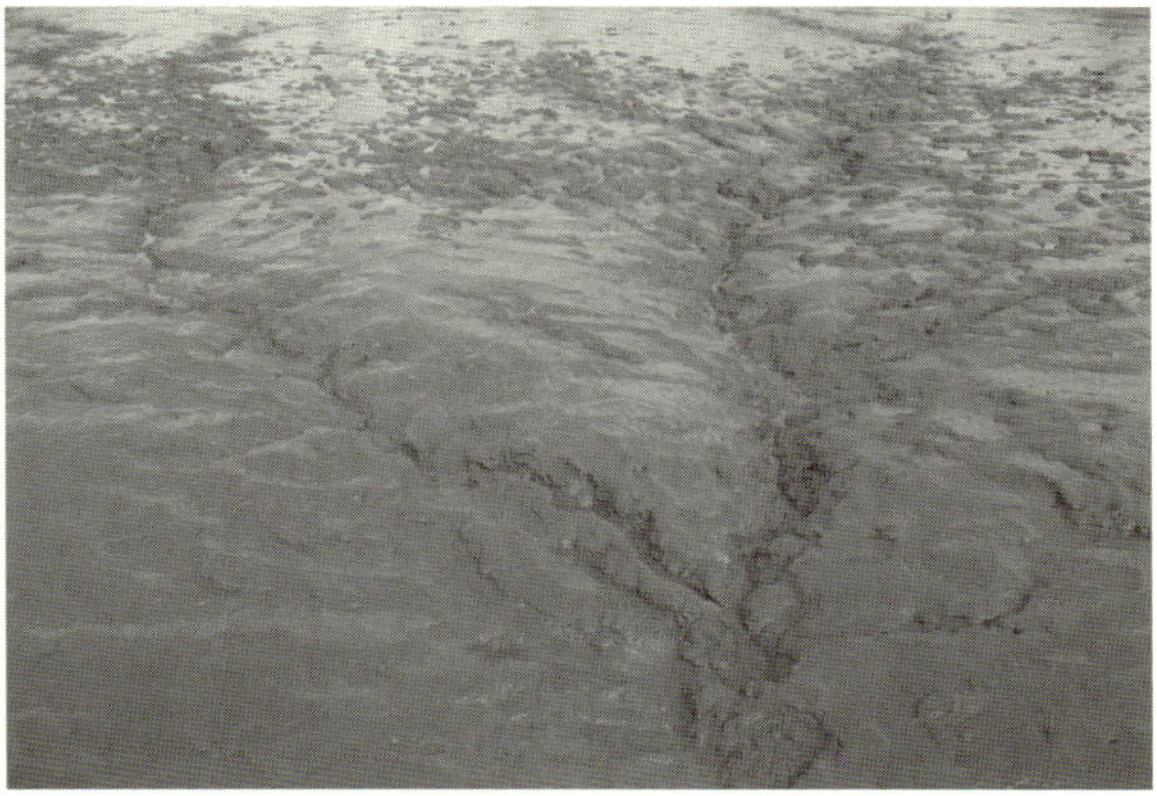

34、リルからガリ侵食へ（有明海干潟）

35、 リルからガリ侵食へ（有明海干潟）

36、小規模なガリ侵食（有明海干潟）

八、侵食の要因

(1) 侵食性

侵食を起こす雨滴の侵食力の強さである。落下する雨滴により土壌粒子が周囲に飛散し表面に凹みができる。熱帯のスコールでは雨滴は大きく成長して落下速度も速くなるので、温帯域の雨よりも侵食性が強くなる。植生による被覆は雨食《うしょく》を抑える効果を持つ。熱帯雨林は植生が豊富にみえるが、腐植の分解が速く土壌層が薄いため雨滴の落下による侵食が起こることがある。

(2) 受食性

土壌が侵食に抵抗する能力である。この抵抗性は土壌の団粒構造の発達の程度とその安定性に大きく依存している。団粒構造の発達した土壌は強い雨に打たれても、その構造が壊れにくく、また地下への透水力も大きいため雨水が地表面を流れて表土を削り込むことが少ない。しかし、団粒構造の安定性が低いと、雨滴の落下による衝撃で団粒が崩壊して細粒化する。細かくなった土壌粒子は孔隙や下方への流路を塞いでいくので雨水の地下への浸透が妨げられてしまう。その結果として地表面を流れる水量が増し、表土の流亡につながる。

(3) 斜面の傾斜・長さ

斜面上の土壌は摩擦力や粘着力によって斜面に留まっている。斜面に雨滴が落下すると、斜面上に留まっている土壌粒子に重力方向への力が作用する。その力が大きいと、土壌粒子は水とともに斜面上を滑り落ちるようになる(掃流)。斜面の傾斜は表面を流れる水の流速と関係し、斜面が急であるほど斜面上を流下する水の流速が大きくなり、侵食力も大きくなる。

植生の喪失は土壌侵食を著しく進行させる。侵食により流出した土壌粒子が水域に入ると、浮遊あるいは懸濁物質となって水の濁りや汚濁の原因となり水棲生物の生存に影響を及ぼす。傾斜地では特に土壌侵食が発生しやすいため、階段耕作や等高線耕作、棚田などの工夫をして侵食による土壌の流亡を防いでいる(土壌保全)。

特に東南アジアなどでは大河の下流部のデルタ地帯で稲作が盛んである。このデルタ地帯は河川が上流から運んできた土砂が堆積した地形であり、その堆積物には植生が集積した栄養分も多く含まれているであろう。下流域は地下水の流出域であり水も豊富に得られることと相まって稲作が発達してきたと考えられる。

水に浸るような土地でも生育する植物としてイネが栽培されたと考えられるが、その肥料分は河川が上流部の土壌を侵食して運んできた(土壌に含まれる)栄養分ともいえる(写真37、38)。

37、レンコン畑（佐賀平野、6月）

38、 苗床と水を張った田（小城市芦刈町）

おわりに

環境問題を解決するために「循環」や「共生」という、「つながり」の重要性を連想させる言葉は多い。例えば「循環」という言葉は、ある主体（例えば自分）の周囲にある環境要素（水や空気、土壌あるいは他人や社会など）が存在し、その要素がつながりその要素の間にやりとりがある、という意味で使われる。「環境」という言葉が示すように、「環」という文字は、ある主体の周りに環境要素があること、そしてその要素が環をつくるようにつながっていることを意味する漢字と捉えている。また、「境」は環境要素に、その主体がどのくらいの距離感をもって関わるか、という関わりの程度を表している、と捉えている。すなわち、環境問題の解決に向けて様々な課題に対峙しようとする人は、この「環」と「境」という二文字が表す像を捉えておいて欲しい。

水が気化した気体を水蒸気と呼ぶ。水蒸気は「蒸気」という名称がついている。厳密な定義は「蒸気」は圧縮すると気体になる物質で現に気体である状態、「気体」は圧縮しても液体にならない物質とされ、前者には二酸化炭素、水、水銀などが含まれ、後者には酸素、窒素、ヘリウム、アルゴンなどが含まれる。定義は重要ではあるが、私は以下のように解釈したい。水は地球上に普く存在する物質といって過言ではない。その水は氷―液体―水蒸気として環境（特に温度）に応じて三つに状態を変えながら地球の隅々まで満たしている。その満たし方はある場所では氷として、ある場所では液体の水として、またある場所では水蒸気と呼ばれる状態として、である。個々に定義された一つひとつの言葉や語句の「境」を大切にしたい。

水蒸気はどこかで液体の水とつながっている。そのつながりの出発点は海洋の水の蒸発であり、戻って来る場所も海洋である（この場合は液体の水としてではあるが）。そして、その水は単に線上に循環しているのではない。生態圏の中で網の目状に、そして三次元的に空間に存在し、生態系そのものを包んでいる。線あるいは面だけでなく、空間的に水が我々を「包んでいる」あるいは我々は「包まれている」という感覚を忘れずに日々環境の中で暮らしていきたいものである。

最後に、理系と文系はつながっていて一体の学問である。理系は「物」の学問であり（例えば物理学）、文系は「心」を中心とした学問である（例えば心理学）という言い方もできよう。この二者は物事や事象の捉え方の両側面である。我々は「生」の学問をしなければならないのだ（解剖でわかることなど狭い意味の生理学ではなく）、ということに気づかされることがある。

私はこれまで化学分野を中心とした理系という一つの方向に追い続け、走り続けてきた。しかし、求めるもの（たとえば自然のしくみの完全なる理解）は近づこうという速さよりも速く逃げていくように感じる。最近、ふと立ち止まってみた。というよりも立ち止まってみる機会を与えられた。そして、気づいたことがあった。それはある一つの方向だけを向いて何かを追い求め続けた私の背中に（おそらく常に）貼付くように別の見方がついてきていた、ということである。あたかも「自分にも気付いて欲しい」というように。この気づきが私の理系人生に大きな変化をもたらし、私のその後の一生の一大分岐点になるかもしれない。

岡島俊哉

二〇一六年二月二十日

岡島俊哉（おかじま・としや） 昭和36年生まれ。平成2年3月、広島大学大学院理学研究科（化学専攻）博士課程後期修了。平成2年4月、広島大学理学部化学科助手を経て、平成8年、佐賀大学教育学部講師、平成9年、佐賀大学教育学部助教授、平成20年、佐賀大学文化教育学部教授。著書に『水の性質と水環境』（ヘリシティ出版）、『現代の栄養化学』（共立出版）『文系学生のための情報基礎概論』（学術図書出版社、いずれも共著）がある。

佐賀学ブックレット④
佐賀平野の環境水
■
2016年3月30日　第1刷発行
■
著者　岡島俊哉
発行者　佐賀大学地域学歴史文化研究センター
〒840-8502　佐賀市本庄町1
電話・FAX 0952（28）8378
制作・発売　有限会社海鳥社
〒812-0023　福岡市博多区奈良屋町13番4号
電話 092（272）0120　FAX 092（272）0121
http://www.kaichosha-f.co.jp
印刷・製本　大村印刷株式会社
［定価は表紙カバーに表示］
ISBN978-4-87415-974-3